恐龍學院

我是博學 恐龍專家

小小實習生

恐龍學院

學生證

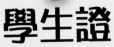

姓名： ....

小小實習生
我是博學恐龍專家

作　　者：特蕾西·特納 (Tracey Turner)

繪　　圖：莎拉·勞倫斯 (Sarah Lawrence)

翻　　譯：羅睿琪

責任編輯：張雲瑩

美術設計：張思婷

出　　版：新雅文化事業有限公司

　　　　　香港英皇道499號北角工業大廈18樓

　　　　　電話：(852) 2138 7998

　　　　　傳真：(852) 2597 4003

　　　　　網址：http://www.sunya.com.hk

　　　　　電郵：marketing@sunya.com.hk

發　　行：香港聯合書刊物流有限公司

　　　　　香港荃灣德士古道220-248號荃灣工業中心16樓

　　　　　電話：(852) 2150 2100

　　　　　傳真：(852) 2407 3062

　　　　　電郵：info@suplogistics.com.hk

版　　次：二〇二二年六月初版

ISBN: 978-962-08-7947-0
Original Title: *Dino Detective in Training*
First published 2021 by Kingfisher
an imprint of Pan Macmillan
Copyright © Macmillan Publishers International Limited 2021
All rights reserved.

我是博學恐龍專家

小小實習生

特蕾西·特納　著

莎拉·勞倫斯　繪

新雅文化事業有限公司

www.sunya.com.hk

恐龍學院

課程大綱

理論課 1：訓練時間.............................. 6

實習課 1：恐龍專家的工具 8

理論課 2：恐龍時代.............................. 10

理論課 3：正在漂移的大陸 12

實習課 2：化石是什麼？ 14

實習課 3：其他種類的化石 16

實習課 4：堅固的岩石.......................... 18

實習課 5：尋找化石.............................. 20

實習課 6：在世界的哪一方？.............. 22

理論課 4：中生代動物.......................... 24

理論課 5：各種各樣的恐龍 26

理論課 6：肉食恐龍.............................. 28

理論課 7：恐龍的防禦工具 30

理論課 8：巨大的恐龍 32

理論課 9：海洋生物 34

理論課 10：飛行的爬蟲類動物 36

實習課 7：恐龍時代的終結 38

實習課 8：一起挖掘 40

恐龍專家名人館 42

資格考試 44

詞彙表：恐龍術語 46

答案 48

 理論課

 實習課

在**理論課**中，你會學到很多重要知識。

在**實習課**裏，你需要完成任務，或是學習恐龍專家的技能。

當你完成理論課或實習課後，便可以在相應的位置上寫上剔號。

訓練時間

你想成為恐龍專家嗎？你喜歡了解關於史前生物的事情嗎？你擅長找出線索嗎？若以上皆是，那麼恭喜你！你的訓練要從今天開始啦！

恐龍在 6 千萬年前已經絕種，因此恐龍專家只能從蒐集恐龍和其他史前生物留下的線索（例：化石），從而尋找恐龍的足跡。不過恐龍專家這份工作並不是僅僅將古老的東西從地裏挖出來⋯⋯

你需要⋯⋯

努力學習及研究大量關於恐龍和史前生物的知識。

知道地球從遠古至今的變化，還要了解不同種類的岩石，從而推斷在哪裏較有可能找到化石。

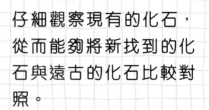

仔細觀察現有的化石，從而能夠將新找到的化石與遠古的化石比較對照。

你能在本書的每一頁裏找出這顆恐龍蛋嗎？

利用工具來挖掘岩石，
找出化石。

運用你的專業技巧，辨
別出所掘出的是什麼。

將你的研究結果
向其他恐龍專家
展示。

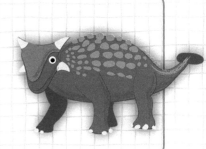

考考你

猜一猜下列哪些工具是
恐龍專家所使用的？

a)

b)

c)

d)

e)

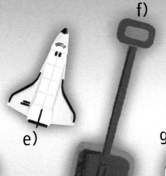
f)

g)

h)

實習課1

恐龍專家的工具

恐龍專家需要特殊的工具來協助他們完成工作。在開始接受訓練前，你要確保一切所需的東西準備好呢。

服裝

你要穿着合宜，才能順利完成工作：

○ 實用、耐磨的衣服。

○ 堅固的靴子，以便走過崎嶇不平的地面。

○ 可見度高的安全背心，讓你能輕易被人看見。

○ 堅硬的頭盔，以在挖掘時保護頭部，特別是當你靠近懸崖的崖面工作時。

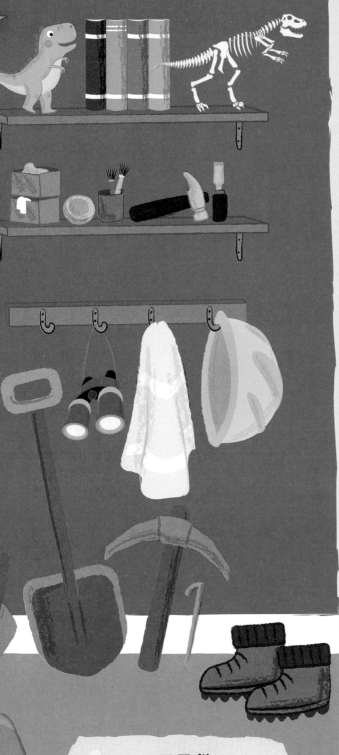

檢查清單

你能在圖中找出以下這些東西嗎？

 ○ 鎚子和鑿子，用來掘出你發現的東西。

 ○ 十字鎬和探針，用來戳刺和刮除泥土。

 ○ 刷子，用來掃走化石上面的塵土。

 ○ 鐵鍬和小鏟子，用來挖土。

 ○ 雙筒望遠鏡，用來找尋合適的挖掘地點。

 ○ 護目鏡，用來保護眼睛免受岩石碎屑和塵埃傷害。

 ○ 放大鏡，用來近距離仔細觀察你的發現。

 ○ 筆記簿和筆，用來記錄你的發現。

 ○ 軟尺和繩子，用來量度物件。

工具袋

記得隨時帶備一個強韌的袋子，用來盛載你掘出的化石；你也需要帶着紙巾和泡泡紙來保護你的化石。

恐龍時代

你準備好展開時光之旅，返回數億年前了嗎？那是恐龍在我們的星球上橫行無忌的時候，不同種類的恐龍曾冒起又消失無蹤，他們曾與許多種類的生物並存。

中生代

恐龍存在的時代稱為「中生代」。中生代大約 2.4 億年前恐龍首次出現時開始，並在 6,600 萬年前恐龍滅絕時結束。

中生代可分為 3 個時期：

理論課 2 請到這裏通過

2.52 億至
2.01 億年前

板龍

始盜龍

三疊紀

世界上第一隻恐龍是在三疊紀時期出現的，那時候的氣候炎熱又乾燥，生長的植物包括針葉樹（類似現今的冷杉樹）和蕨類。

活躍於三疊紀時期的恐龍包括：

始盜龍：一種細小的肉食恐龍。

板龍：身長約 7 米的草食恐龍。

梁龍

侏羅紀
2.01 億至
1.45 億年前

劍龍

白堊紀
1.45 億至
6,600 萬年前

禽龍

暴龍

恐龍滅絕

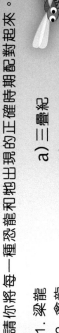

侏羅紀

侏羅紀的氣候仍舊溫暖，但沒那麼乾燥。當時有大量植物，亦有一些體型巨大的草食恐龍！

活躍於侏羅紀時期的恐龍包括：

梁龍：身長可達 26 米的巨大草食恐龍。

劍龍：身長約 9 米，背部長有骨板的恐龍。

白堊紀

在白堊紀，地球上第一朵花綻放了。相比之前的時期，這時期有更多不同種類的恐龍，還有許多其他動物。

活躍於白堊紀時期的恐龍包括：

暴龍：身長約 12 米的肉食恐龍。

禽龍：身長約 10 米的草食恐龍。

考考你

請你將每一種恐龍和牠出現的正確時期配對起來。

1. 梁龍
2. 禽龍
3. 始盜龍

a) 三疊紀
b) 侏羅紀
c) 白堊紀

正在漂移的大陸

地球上的陸地看似永遠固定在同一個地方，但其實地球的外殼是由移動得非常緩慢的巨大板塊所組成。在恐龍存活的時代，地球的樣貌和現今相比非常不同。作為恐龍專家，你需要知道地球歷來的改變。

盤古大陸

勞亞古陸

岡瓦納古陸

盤古大陸

在三疊紀恐龍時代的開端，地球上所有的陸地都連接在一起，形成一片巨大的大陸，稱為盤古大陸。

侏羅紀

侏羅紀時，巨大的大陸開始一分為二。當時有兩片主要的大陸，就是位於北方的勞亞古陸和位於南方的岡瓦納古陸，並由特提斯海（又稱古地中海）所分隔。

蛇頸龍

魚龍

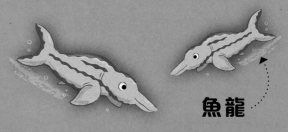

找出答案……

化石能夠顯示出大陸如何移動。舉例說，一種稱為中龍的化石只會在南美洲和非洲出現，人們便推測：南美洲和非洲曾經連接在一起，或是中龍能夠游泳或飛行橫越大海；而事實是中龍是一種淡水動物，且沒有翅膀！所以前者的推測才是正確的。

中龍

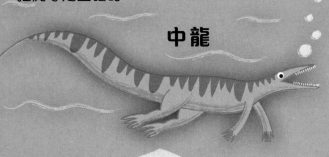

理論課 3

○ ♪ 請剔這裏

通過

考考你

非洲西部的海岸和南美洲東部的海岸，看起來彷彿能像拼圖般拼合起來。原來很久以前，它們確實是相連在一起的！請你在現今世界地圖上找出南美洲和非洲，然後看看它們在恐龍時代時的所在位置。

白堊紀

北美洲　歐洲　亞洲
南美洲　非洲　印度
南極洲　澳洲

現今

北美洲　歐洲　亞洲
非洲　印度
南美洲　澳洲
南極洲

到了白堊紀，大陸已漂移得距離彼此更遠，較像它們現今的樣子。不過當時的水平面比較高，歐洲和亞洲被分散成許多島嶼。

時至今日，大陸仍在移動。在距離現在大約 2.5 億年後，這些大陸可能再次變回一片超級大陸呢！

滄龍

弓鮫

化石是什麼？

化石是史前的植物和動物所留下的殘骸，它們讓我們知道恐龍和其他動物曾經存在，它們也提供了許多線索，顯示出這些生物活着時是怎樣的。我們來好好觀察以下的細頸龍化石吧！

鋒利、彎曲的牙齒顯示出牠是肉食動物。

長長的尾巴有助牠迅速轉身時保持平衡。

長有爪子的雙手可用來抓住獵物。

構造輕盈的骨骼能讓牠行動更敏捷。

長長的腿骨代表牠能夠跑得非常快。

考考你

當你找到化石時，要分辨出哪塊骨頭來自動物的哪個部分，並不是輕而易舉的事情。以下這些骨頭中，哪一塊是上圖細頸龍化石缺少了的部分？

a)

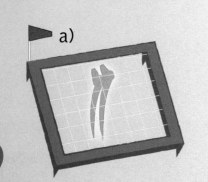

b)

c)

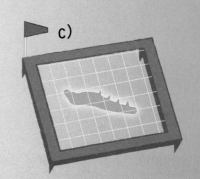

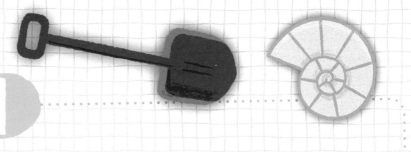

化石是怎樣形成的？

1 恐龍死去後掉進河裏，並被河流底部軟柔的泥土蓋着。

2 恐龍身體裏柔軟的部分會隨時間過去被腐蝕掉，堅硬的牙齒和骨頭被更多泥土和沙子覆蓋。

3 泥土變成了岩石。水滲入牙齒和骨頭，剩下當中的礦物質，將它們變成堅硬的石頭。

4 經過數以百萬年後，地貌完全改變，之前是河牀的位置如今成為了崖壁。

5 岩石滑動令已變成化石的恐龍暴露出來，剛好讓你發現了它！

幸運的發現

變成化石的動物非常稀少，因為那需要在各種環境條件互相配合下，才能形成化石。因此，你要非常幸運才能找到一塊化石！

這是細頸龍，牠是存活於侏羅紀時期的細小恐龍。

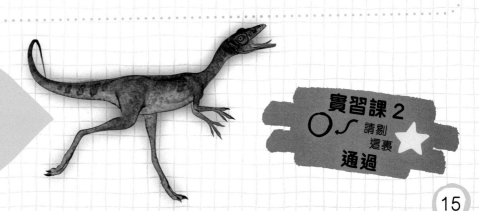

實習課 2
○ 請剔這裏
通過

泥土中的恐龍足印會在數百年裏變硬，令它們保存下來。這些足印告訴我們恐龍的體型、種類、體重，甚至移動速度的資料。

劍龍

甲龍

其他種類的化石

除了變成化石的骨頭和牙齒外，恐龍也留下了其他線索給後世的恐龍專家，這些「痕跡化石」讓我們能一窺過去的情況。

有些史前動物會挖掘洞穴，這些洞穴會在岩石裏保存下來。

恐龍糞便！

變成化石的恐龍糞便，被稱為「糞化石」，它告訴我們動物曾經吃了什麼。

在非常偶然的情況下，史前動物的皮膚或羽毛可能留下印痕，並變成化石保存下來。恐龍專家就是憑着這些線索，從而發現有些恐龍長有羽毛，有些恐龍長有鱗片。

禽龍

實習課 3

請剔這裏

通過

尾跡是滑行前進的動物所留下的印痕，例如：史前蛇類所留下的滑行痕跡。

考考你

請跟隨這些足印，看看是哪一隻恐龍留下的吧！

a)　　b)　　c)

由此開始

堅固的岩石

花崗岩

科學家將地殼中的岩石分成3個主要類別，恐龍專家的工作之一就是認識這些岩石，因為這樣你便會知道要到哪裏尋找化石。

火成岩

這種岩石是由地殼下面一些超級熾熱的液體岩漿冷卻變硬後形成的。這情況可能在火山爆發、熔岩噴射而出時發生，或是在地底下發生；因此，火成岩中極不可能藏有化石。

玄武岩

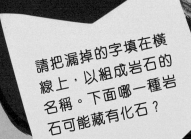

請把漏掉的字填在橫線上，以組成岩石的名稱。下面哪一種岩石可能藏有化石？

○ 1. 花＿＿＿岩　　○ 2. 石＿＿＿岩　　○ 3. 片＿＿＿岩

片麻岩

沙岩

變質岩

這種岩石是在地底深處中岩石互相擠壓或受熱、在極端的壓力或高溫下形成的。經過一連串高熱和高壓後，化石極不可能保存下來。

沉積岩

這種岩石是由非常細小的岩石碎片組成的，這些岩石碎片掉進海底、湖泊或河流的底部，經過一段長時間後，便會擠壓在一起，形成岩石，沉積岩是最有可能找到化石的地方！

大理石

石灰岩

實習課 4

請剔這裏

通過

尋找化石

化石埋藏在岩石裏數百萬年，恐龍專家是怎樣把化石找出來的？握緊你的鎚子和鑿子，一起找出答案吧。

冒起來的岩石

有時候，地球的板塊會撞向彼此，將岩石往上推，如果你夠幸運，便能發現當中的化石。經過一段漫長的時間，冒起的大塊岩石可能形成高山！那就是為什麼海洋生物的化石可能在高山的頂端出現。岩石也可能在下方形成新的岩石時被推上地面，或是在冰蓋融化時暴露出來。

惡劣的天氣

長期暴露在下雨、結霜和颱風之下，會將岩石侵蝕掉，這情況在可能藏有化石的沉積岩中更加明顯。一場巨大的暴風雨過後，山坡可能突然顯現出隱藏其中的化石；山泥傾瀉也會顯露出隱藏的化石呢。

深入挖掘

當人們開墾山坡，以興建道路或是建造地底隧道時，也可能令化石展現人前。

罕有的發現

要找出完整的骨頭化石機會罕有，要找到完整的骨骼化石更是微乎其微，恐龍專家必須有耐性，不要放棄，誰知道有一天你會有舉世知名的發現！

細心搜索

當你找到來自時代吻合、種類正確的岩石，你便需要運用你的觀察技巧，仔細謹慎地進行搜索，如果你發現一些看似骨頭小碎片的東西，那可能是附近有化石的徵兆。

考考你

看看這些東西，哪些看起來可能是化石？

在世界的哪一方？

化石在全球各大洲上都曾被人發現，因此恐龍專家會踏遍世界每個角落來搜尋化石。

北美洲

地獄溪

有多古老？

化石的年代從地球誕生早期的數十億年前，到近代發現的數千年不等（對恐龍科學家來說，擁有數千年歷史的東西其實非常年輕！）。你感興趣的化石來自中生代，即是恐龍活躍的時代，以下是地球上3個尋找這些化石的最佳地點。

美國的地獄溪

地獄溪的岩石層橫跨懷俄明州、南達科他州、北達科他州和蒙大拿州。這些岩石藏有來自白堊紀晚期的化石，包括膾炙人口的暴龍、三角龍和甲龍，還有許多其他源自恐龍時代的植物和動物化石。

南美洲

◉ 英國的侏羅紀海岸

這條位於多塞特郡的海岸線長 152 公里，那裏的懸崖和岩石蘊藏着來自整個中生代不同時期的化石，這裏曾經發現長有硬甲的腿龍的化石，還有恐龍足印，諸如蛇頸龍和魚龍等海洋生物，以及大量的菊石（菊石看起來有點像扁平的海洋蝸牛）。

多塞特郡

歐洲

亞洲

實習課 6

○ 請剔這裏

通過

四川 ◉

非洲

在這幅地圖上有多少隻恐龍？

澳洲

◉ 中國的沙溪廟組

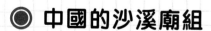

在四川沙溪廟組的岩石中，已出土了超過 20 種來自侏羅紀的恐龍，包括巨大的草食恐龍蜥腳類恐龍，和其他侏羅紀時期的生物。位於鄰近的自貢市的恐龍博物館擁有世界上數量最多的恐龍化石！

恐龍是什麼？

恐龍是陸上動物，牠們有不同的種類，但牠們都擁有髖骨，這代表牠們能夠站起來和直立行走，許多恐龍都是出色的跑手，這讓恐龍相比起其他動物更具優勢。另外，所有恐龍都是從蛋中孵化出來的。

中生代動物

在中生代，恐龍並不是世界上唯一存在的動物。當時的陸地上、天空中和海洋裏都有其他生物存活着。

毛茸茸的小型哺乳類動物，例如摩爾根獸最初是在恐龍時代出現的。

陸地動物

有些史前爬蟲類動物，例：異齒龍，牠們的外表看來和恐龍很相似，但牠們擁有向身軀兩側展開的四肢，實際上，異齒龍與人類的關係更親密！其他陸上動物還包括我們的祖先哺乳類動物。

理論課 4

○ 請剔這裏

通過

飛行爬蟲類動物

翼龍會在天空中飛撲與俯衝，捕捉昆蟲和魚類。有些翼龍體型細小得像海鷗，但最大的翼龍體型則跟小型飛機相若。想了解更多，翻到第 36 至 37 頁吧。

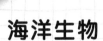

海洋生物

不同種類的海洋生物在海洋裏暢泳，例：魚龍、蛇頸龍、菊石和滄龍。翻到第 34 至 35 頁學習更多知識吧。

考考你

以下這些動物中，哪一種是恐龍？

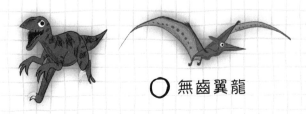

○ 無齒翼龍

○ 迅猛龍

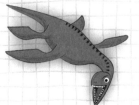

○ 蛇頸龍

○ 摩爾根獸

25

各種各樣的恐龍

恐龍存活了超過1.7億年，因此有數千種不同品種的恐龍其實並不令人意外，而新品種的恐龍亦不斷被人發現。以下是其中一部分的恐龍。

虛形龍

這種恐龍生活在三疊紀，是其中一種最早期出現的肉食恐龍，牠大約2米長，行動迅捷又靈活，會食蜥蜴和昆蟲。不過，當時最大型的捕食者並不是恐龍，而是名叫勞氏鱷和植龍的大型爬蟲類動物。

小盜龍

最細小的恐龍之一就是小盜龍，牠們生活在 1.25 億年前的白堊紀，體重只有大約 1 公斤，體型與烏鴉差不多，牠們長有羽毛，部分小盜龍會飛行或滑翔，牠們會捕食動物，例如：蜥蜴和哺乳類動物。

副櫛龍

有些恐龍長有令人印象深刻的頭冠，例如：副櫛龍。副櫛龍屬於鴨嘴龍的有喙草食恐龍家族。副櫛龍長約 11 米，生活在白堊紀，牠頭上骨質的頭冠也許是用來發出響亮的叫聲的。

考考你

試試找出這兩隻恐龍之間 5 個不同之處。牠們是哪一種恐龍？

理論課 5
○ 請剔這裏
通過

科學家能利用化石製作出栩栩如生的恐龍模型。你能將博物館裏的每一種恐龍和下方的說明配對起來嗎？

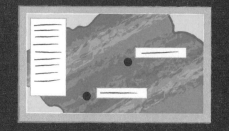

理論課6

請剔這裏

通過

①

理論課6

肉食恐龍

試試回想恐龍的模樣，你大概會想像出一些體型龐大、擁有利齒的動物。一起來仔細觀察這裏的3種肉食恐龍吧。

棘龍

* 生活在白堊紀（大約 1.12 億 至 9,700 萬 年前）

* 身長：約 18 米（地球上最巨大的肉食動物，但不是最重的。）

* 體重：約 6.5 噸

* 背部有長長的骨質帆狀物，頭部長而窄，仿似鱷魚

棘龍只留下少量骨頭化石，因此科學家需要做許多研究工作，來拼湊出牠的大小與體型。

暴龍

* 生活在白堊紀（大約 6,800 萬至 6,600 萬年前）
* 身長：約 12 米
* 體重：約 7 噸
* 長有 60 隻邊緣有鋸齒的牙齒，長達 20 厘米

暴龍很有可能是所有恐龍之中最著名的！專家是從北美洲西部發現的 30 具暴龍化石中認識牠們的，這些化石部分是近乎完整的骨骼，從牠的糞便化石中的骨頭碎片可知道，暴龍能夠用牠強而有力的顎骨和牙齒將獵物骨頭壓碎。

南方巨獸龍

* 生活在白堊紀（大約 1.12 億 至 9,000 萬年前）
* 身長：約 13.2 米
* 體重：約 7 噸
* 手上有 3 根手指（暴龍有 2 根手指）

就像棘龍一樣，這種恐龍只留下少量骨頭，不過專家成功從這少量化石中找到很多資料，透過量度大腿骨的寬度和長度，能準確猜到南方巨獸龍的體重。如果他們找到大量脊骨，那就是一項重大線索去確定這種恐龍的身長了。

恐龍的防禦工具

現在你認識了一些兇猛的肉食恐龍，牠們會以其他草食恐龍為捕獵目標，這些草食恐龍演化出不同的方式來保護自己，抵禦暴龍等捕食者。

甲龍

甲龍是一種約 7 米長、長有硬甲的恐龍，身體被骨板覆蓋，牠擁有特別堅固的頭骨，尾巴末端有骨質的棍狀物，可以用來猛力擊打捕食者。甲龍生活在白堊紀晚期。

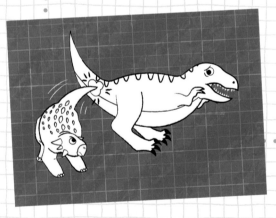

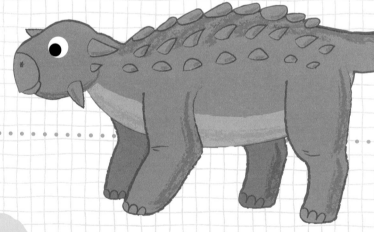

大配對！

你能將這些恐龍的防禦工具和這兩頁中的恐龍配對起來嗎？

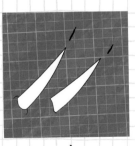

a)   b)   c)

三角龍

三角龍是一種約 9 米長的草食恐龍，生活在白堊紀晚期。牠有 3 根又長又尖銳的角，用來擊退捕食者，頸部還有堅韌的頭盾，可作保護身體之用。

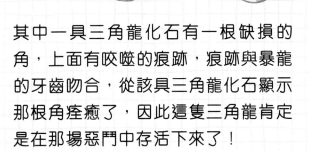

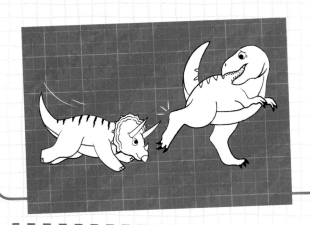

其中一具三角龍化石有一根缺損的角，上面有咬嚙的痕跡，痕跡與暴龍的牙齒吻合，從該具三角龍化石顯示那根角痊癒了，因此這隻三角龍肯定是在那場惡鬥中存活下來了！

劍龍

劍龍會揮舞牠長滿刺的尾巴，來保護自己，抵抗侏羅紀晚期的恐龍，例如巨大的肉食恐龍異特龍。

沒有人確切知道劍龍背上大片的骨板有什麼用途，不過它們可能是嚇人的信號，警告捕食者不要靠近。劍龍雖然約 9 米長，但頭部細小，腦部只有一顆梅子的大小！

理論課 7

○ 請劏
這裏

通過

長得高大亦代表了這些龐然巨獸能夠碰到最高的樹木上的樹葉，並將它們吃掉。

巨大的恐龍

有些草食恐龍長得非常巨大，沒有捕食者會襲擊牠們，牠們主要生活在侏羅紀時期。

梁龍是一種蜥腳類恐龍，蜥腳類恐龍是史上最巨大的陸上動物的一種，牠們用四肢行走，擁有非常長的脖子和尾巴，牠們的頭部與牠們龐大的身軀相比下顯得很細小。

考考你

你能在圖中找出2種可能變成痕跡化石的東西嗎？

除了體型大得令捕食者難以施襲外，有些蜥腳類恐龍也擁有仿如長鞭的尾巴，可以鞭打襲擊者。

梁龍生活在 1.55 億至 1.45 億年前，身長約 26 米，這相當於 3 輛巴士的長度呢！

理論課 8

請剔這裏

通過

罕見的發現

有些恐龍專家非常幸運，他們在美國懷俄明州發現近乎完整的梁龍骨骼化石。

恐龍專家認為這些巨大的草食恐龍會吞下石塊，以幫助消化牠們吃掉的堅韌植物。

蛇頸龍看起來有點像一隻可怕的梁龍在游泳,不過牠長有鰭肢,而不是長腿,蛇頸龍是兇猛的肉食生物。

魚龍是一種海洋爬蟲類動物,樣子看似海豚。事實上,牠們和海洋哺乳類動物或魚類都沒有關係,亦已經絕種了。

菊石

菊石是現今一種常見的化石,有些菊石很細小,但有些菊石比你還巨大。牠們的硬殼是一個扁平的螺旋,由腔室組成。菊石是現今的魷魚和章魚的親屬。

理論課9

海洋生物

在恐龍橫行陸地之際,海洋裏也生活着許多奇異的動物。

滄龍是駭人的捕食者，有點像巨大海蛇與鱷魚的混合體！

理論課 9
請剔這裏
通過

不同種類的鯊魚已經在地球上存活了超過 4 億年了。這條鯊魚名叫弓鮫，牠曾經在中生代的海洋中暢泳。

海洋生物的化石
生活在水中的動物比陸上動物更可能變成化石，因此，海洋生物的化石要比恐龍化石多很多。

你能夠憑着這具化石辨別出牠是什麼海洋生物嗎？

飛行的爬蟲類動物

翼龍穿梭於中生代的天空裏，牠們最初在2.1億年前出現，並與恐龍在同一時代滅絕。以下是4種飛行爬蟲類動物的介紹。

風神翼龍

存活時期：7,200 萬至 6,600 萬年前
地點：北美洲
翼展：超過 10 米
食物：螯蝦和瀕死的動物
特徵：風神翼龍是歷來體型最大的飛行動物！牠站起來時就和長頸鹿一樣高。

南方翼龍

存活時期：1.25 億至 1 億年前
地點：南美洲
翼展：約 2.5 米
食物：貝類
特徵：南方翼龍長有長長的喙部，裏面布滿了數以百計針狀的牙齒，用來將貝類從大海中撈起來。

脆弱的化石

翼龍的骨頭很脆弱,因此翼龍化石罕有出土發現,要找到完整的骨骼化石幾乎不可能。如果你發現了一具骨骼化石,那真是非常幸運!

準噶爾翼龍

存活時期:1.45 億至 1 億年前
地點:中國
翼展:約 3 米
食物:昆蟲、浮游生物、螃蟹
特徵:準噶爾翼龍擁有骨質的頭冠,沿着口鼻部生長,頭冠在飛行時用作方向舵。

無齒翼龍

存活時期:9,000 萬至 7,000 萬年前
地點:北美洲
翼展:長達 9 米
食物:魚類
特徵:無齒翼龍頭頂有長而尖的頭冠,用於控制飛行方向和裝飾展示。

考考你

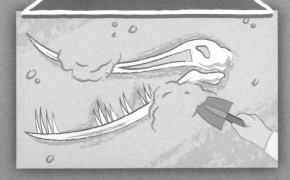

你幸運地找到這塊翼龍頭骨化石,它屬於哪一種翼龍呢?

a) 風神翼龍
b) 無齒翼龍
c) 南方翼龍
d) 準噶爾翼龍

恐龍時代的終結

恐龍存活了超過1.7億年，牠們是生命力極強的動物！不過，牠們在地球上的時代在6,600萬年前便結束了。

墨西哥

小行星

恐龍為什麼會絕種？恐龍專家將線索拼湊起來，大部分人都同意恐龍是在地球遭一顆巨大的小行星撞擊後滅絕的；小行星是一塊巨大的岩石，會圍繞着太陽運行。

小行星擊中墨西哥後的遺址。

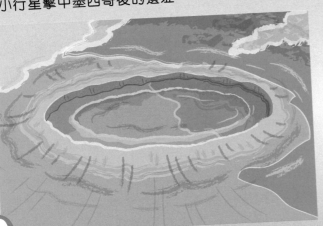

 ## 隕石坑

這個推論的主要證據，是位於墨西哥海岸外的一個巨大隕石坑，這個隕石坑可追溯至 6,600 萬年前，恐龍專家推測這顆小行星有 10 至 15 公里闊，但由於它以高速撞向地球，至令它留下的隕石坑有 150 公里闊！

大滅絕

小行星將數以噸計的碎片濺起到空中，這些碎片阻擋了部分太陽的光線，令大量植物死亡。與此同時，地球的氣候也出現變化，還發生了大量火山爆發，動物無法適應新的環境，這當中包括恐龍、翼龍、魚龍和蛇頸龍，牠們最終滅絕。當時地球上大約四分之三的動物絕種了！

鶴鴕是一種不會飛行的鳥類，牠們擁有與恐龍相似的爪子。

之後發生了什麼事？

事實上並不是所有恐龍都絕種了，部分在這場災難裏倖存下來的動物，例：鳥類是其中一種恐龍的後代，至今已有 10,000 種不同的品種。

看看你附近的鳥兒，牠們有讓你想起恐龍的地方嗎？

人類是在什麼時候來到地球上的？

人類出現在地球上只有 20 萬年歷史，相對於恐龍活在地球上的 1.7 億年，那只是一眨眼的時間！

一起挖掘

必要的工具

搜集恐龍化石的人會利用鐵鍬、小鏟子和刷子去挖掘出地裏珍貴的化石。你需要有耐性，因為要挖掘出一塊化石，可能需要連續數天小心翼翼地工作。

現在，你已經認識了各種關於岩石、化石、恐龍和不同種類的史前生物，準備好開始挖掘化石了。

實習課 8

請剔這裏

通過

找出挖掘地點！

許多適合尋找恐龍化石的地方，看起來與恐龍存活時的模樣非常不同，布滿岩石、大風吹拂的平原，或是寒冷的崖壁，都可能曾是侏羅紀時期茂密蒼翠的森林！

成為恐龍專家

在這個恐龍化石發掘現場，你能找到以下這些化石嗎？

- ○ 恐龍足印化石
- ○ 恐龍尾骨化石
- ○ 糞化石

保護你的發現

出土的化石要以石膏和布保護好，部分包圍着化石的岩石也會保存下來，以減低化石受損的機會。接着，化石會被運送到實驗室裏，而石膏和岩石會被除去。

修復化石

化石很容易損毀，如果有化石碎片斷裂掉落，它會被儲存好，加上標籤，並在稍後時間黏回化石上。

瑪麗・安寧（Mary Anning）

19 世紀的化石收集家，憑着在英格蘭南部的侏羅紀海岸發現恐龍、翼龍和海洋爬蟲類動物的化石而聞名。

董枝明（Dong Zhiming）

中國恐龍科學家，由他命名的恐龍品種比其他在世的古生物學家還要多。

杰克・霍納（Jack Horner）

美國恐龍科學家，最為人津津樂道的是發現了稱為慈母龍的恐龍化石，並為《侏羅紀公園》系列電影擔任顧問。慈母龍的發現證明了恐龍會照顧牠們的幼兒。

阿努蘇亞・欽薩米 - 圖蘭
（Anusuya Chinsamy-Turan）

南非脊椎動物古生物學家，她專門研究化石骨頭和牙齒。

恐龍專家名人館

安杰拉・米爾納
（Angela Milner）

英國恐龍科學家，她發現了新的恐龍品種重爪龍，還證實了恐龍始祖鳥是鳥類。

楊鍾健（C C Young）

中國恐龍科學家，他在 20 世紀發現了許多恐龍化石。

卡倫・錢（Karen Chin）

美國恐龍科學家，她是世界上研究糞化石的頂尖學者之一。

羅伊・查普曼・安德魯斯
（Roy Chapman Andrews）

20 世紀其中一位最成功的美國化石獵人，因發現恐龍蛋而聞名於世，他是美國自然歷史博物館的總監。

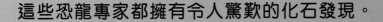

這些恐龍專家都擁有令人驚歎的化石發現。

資格考試

現在是時候看看你學懂了多少知識了。

1 以下哪一種岩石是沉積岩？
a) 大理石
b) 花崗岩
c) 沙岩

2 糞化石是什麼？
a) 牙齒的化石
b) 糞便的化石
c) 恐龍足印的化石

3 以下哪一種恐龍頭上長有角？
a) 三角龍
b) 劍龍
c) 暴龍

4 中生代包括哪3個時期？
a) 石器時代、銅器時代、鐵器時代
b) 早期、中期、晚期
c) 三疊紀、侏羅紀、白堊紀

5 以下哪一種動物是恐龍的後代？
a) 蝙蝠
b) 蜥蜴
c) 鳥類

6 風神翼龍是什麼種類的動物？
a) 恐龍
b) 翼龍
c) 哺乳類動物

7 恐龍時代在什麼時候結束了？
a) 2.12億年前
b) 6,600萬年前
c) 2.2萬年前

8 以下哪一種恐龍是肉食動物？
a) 暴龍
b) 劍龍
c) 梁龍

9 在哪一個時期裹的地球是最炎熱乾燥的？

　　a) 三疊紀

　　b) 侏羅紀

　　c) 白堊紀

10 以下哪一種是痕跡化石的例子？

　　a) 哺乳類動物化石

　　b) 恐龍足印

　　c) 牙齒化石

11 你會在哪一種岩石中找到化石？

　　a) 沉積岩

　　b) 火成岩

　　c) 變質岩

12 菊石是什麼？

　　a) 一種有螺旋形硬殼的海洋動物

　　b) 一種小型肉食哺乳類動物

　　c) 一種草食恐龍

13 以下哪一種動物不是恐龍？

　　a) 甲龍

　　b) 南方翼龍

　　c) 三角龍

14 盤古是什麼？

　　a) 一片龐大的大陸

　　b) 一隻巨大的恐龍

　　c) 一隻巨大的翼龍

恐龍專家評分指引

翻到本書後方核對答案，並將你的得分加起來吧。

1至5分　　哎呀！快回到恐龍學院，好好重新學習恐龍知識吧。

6至10分　　你正邁向成為恐龍專家的正確方向。

11至14分　名列前茅！你可能帶來下一項重大的恐龍發現！

恐龍術語

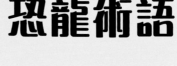

三疊紀 Triassic period
2.52億至2.01億年前的時期,世界上第一隻恐龍在三疊紀時期出現。

中生代 Mesozoic era
恐龍時代,包括三疊紀、侏羅紀和白堊紀。

化石 fossil
史前植物或動物保存下來的遺骸。

古生物學家 palaeontologist
研究植物和動物化石遺骸的科學家。

白堊紀 Cretaceous period
1.45億至6,600萬年前的時期,恐龍在白堊紀晚期絕種。

侏羅紀 Jurassic period
2.01億至1.45億年前的時期。

痕跡化石 trace fossil
史前植物或動物除了自己的遺骸以外,所留下的化石證據。

蛇頸龍 plesiosaur
恐龍時代的一種海洋生物。

魚龍 ichthyosaur
恐龍時代的一種海洋生物。

菊石 ammonite
一種已經滅絕的海洋生物，它的化石相當常見。

滄龍 mosasaur
恐龍時代的一種海洋生物。

糞化石 coprolite
變成化石的糞便。

翼龍 pterosaur
恐龍時代的飛行爬蟲類動物。

恐龍學院

做得好！
你已成功完成
恐龍專家訓練課程。

合格

姓名：...

恐龍專家

答案

P7

P8-9

P11

梁龍→侏羅紀

禽龍→白堊紀

始盜龍→三疊紀

P14

P16-17

a) 甲龍

b) 劍龍

c) 禽龍

P18

1. 花崗岩

2. 石灰岩

3. 片麻岩

化石可能在石灰岩中被發現。

P21

P22-23

（海洋爬蟲類動物不是恐龍，因此不計算在內。）

P24

迅猛龍

P27

牠們是小盜龍。

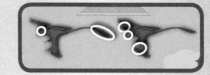

P28-29

1. 暴龍

2. 南方巨獸龍

3. 棘龍

P30-31

a) 劍龍

b) 甲龍

c) 三角龍

P32

恐龍糞便和恐龍足印。

P34-35

魚龍

P37

c) 南方翼龍

P40-41

P44-45

1.c	2.b	3.a	4.c
5.c	6.b	7.b	8.a
9.a	10.b	11.a	12.a
13.b	14.a